科学与工程实践丛书 | 总策划 周忠和

水与雨水收集

主编 黄晓 王耀村

浙江科学技术出版社

版权所有　侵权必究

图书在版编目（CIP）数据

水与雨水收集 / 黄晓，王耀村主编. — 杭州 : 浙江科学技术出版社，2023.9
（科学与工程实践丛书 / 黄晓，王耀村主编）
ISBN 978-7-5739-0705-9

Ⅰ. ①水… Ⅱ. ①黄… ②王… Ⅲ. ①雨水资源－收集－装置 Ⅳ. ① TU823.6

中国国家版本馆CIP数据核字(2023)第141619号

丛　书　名	科学与工程实践丛书				
书　　　名	水与雨水收集				
主　　　编	黄　晓　王耀村				
出版发行	浙江科学技术出版社				
	杭州市体育场路347号　　邮政编码：310006				
	办公室电话：0571-85176593				
	销售部电话：0571-85062597				
	E-mail：zkpress@zkpress.com				
排　　版	杭州万方图书有限公司				
印　　刷	杭州捷派印务有限公司				
开　　本	787×1092　1/16		印　　张	6.25	
字　　数	70 000				
版　　次	2023年9月第1版		印　　次	2023年9月第1次印刷	
书　　号	ISBN 978-7-5739-0705-9		定　　价	29.80元	

策划编辑　莫亚元　　**责任编辑**　苏亚娟　杜宇洁　朱　莉
责任校对　张　宁　　**责任美编**　金　晖
责任印务　田　文

科学与工程实践丛书
编委会

总策划 周忠和（中国科学院院士）

主　编 黄　晓　王耀村

副主编 吴英策　林长春

本册主编 黄　晓

本册副主编 陈伟杰　郑圆成

习近平总书记指出，要在教育"双减"中做好科学教育加法，激发青少年好奇心、想象力、探求欲，培育具备科学家潜质、愿意献身科学研究事业的青少年群体。科学教育是基础教育的基础。在"双减"背景下，给科学教育做加法，应该加什么？怎么加？浙江师范大学科学教育研究中心主任黄晓教授团队编写的丛书，用实际行动回应了这些教育界的关切。

为了做有原创价值的科学与工程实践教育课程，团队成员扎根中国本土科学教育实践，开阔国际视野，在引进和改编美国"科学与工程实践教学用书"的基础上，编写了适合我国学生使用的"科学与工程实践丛书"。

"科学与工程实践丛书"共6册，每册围绕一个主题划分为若干个项目，以真实情境任务作为主线贯穿始终，在各项目中融入相应的学习任务，强调科学探究与工程设计过程，重视探究问题的提出、探究活动的体验和科学方法的应用。

"科学与工程实践丛书"努力做好科学教育加法，主要表现为：

1.**突显基于项目的学习关照**。围绕六个与学生生活和社会发展息息相关的主题进行项目设计，以真实情境任务作为明线贯穿始终，强调基于真实任务的方案设计、建模过程与问题解决，做好科学探究与工程实践的加法。

2.重视科学方法与科学思维。丛书围绕科学方法与科学思维，在内容编写时融入了观察、测量、预测、分类、比较、解释、推理、控制变量等科学方法，以及科学推理、科学论证、模型建构、质疑创新等科学思维，做好科学方法与科学思维的加法。

"科学与工程实践丛书"与现行义务教育课程标准要求匹配，围绕学生熟悉的六个主题，呈现挑战或问题，融合科学、社会、语言表达艺术、数学等多学科知识应用，为学生创设科学与工程实践过程体验，让学生自主设计、实验和解决问题，以提升实践能力、创新能力和问题解决能力。

中国科学院院士
美国国家科学院外籍院士
发展中国家科学院院士
第十四届全国政协常委
中国科普作家协会理事会理事长

目录

- 实践背景 /1

- 项目一　水，无处不在 /5
  - 1.1　认识水 /6
  - 1.2　雨水体积 /9
  - 1.3　降水深度 /12
  - 1.4　降水与流域 /23
  - 1.5　诗歌中的科学知识 /28

- 项目二　地球圈层 /30
  - 2.1　地球圈层 /31
  - 2.2　地图侦查 /33
  - 2.3　人类与地球圈层 /38
  - 2.4　雨水收集点 /43
  - 2.5　传记写作 /46

项目三　雨水收集和利用　　　/ 49

　　3.1　气象数据　　　　　　　/ 50

　　3.2　集水箱　　　　　　　　/ 52

　　3.3　水分运输　　　　　　　/ 55

　　3.4　灌溉方式　　　　　　　/ 59

　　3.5　数据分析　　　　　　　/ 64

　　3.6　公益广告　　　　　　　/ 69

项目四　雨水收集挑战　　　　/ 72

　　4.1　挑战准备　　　　　　　/ 73

　　4.2　逆流而上的雨水　　　　/ 76

　　4.3　集水箱设计　　　　　　/ 79

　　4.4　水资源分配　　　　　　/ 82

　　4.5　成果展示　　　　　　　/ 89

参考文献　　　　　　　　　　　/ 91

实践背景

　　星星小学位于星星镇，一直以来，它都是星星镇居民的小小后花园，因为星星小学的花园无偿开放给附近的老人，他们可以在花园里种植花卉和果树。每天早晨，孩子们都能看到爷爷奶奶们劳作的身影。

　　小思是星星小学的学生，小思的爷爷很喜欢园艺，退休后自愿当起了学校花园的管理员，他每天都会花很多时间来照料花花草草。当鲜花盛开时，爷爷常将它们送到教室，红的、黄的、白的……令人心旷神怡。

　　一天早上，小思惊奇地看到爷爷坐在花园旁的一棵树下画画。"爷爷，"他跑过去问，"您在画什么呀？"

　　"画花园。"他叹了口气道，"今后可以用这些画来怀念这个美丽的花园。"

　　"怀念美丽的花园？这个花园难道要拆掉吗？"小思问道。

　　爷爷停下笔，望着花园说："是的！建设部门要把这个花园改建成一片水泥地。"

　　"为什么？"小思很惊讶。

　　"因为各种生产活动以及日常生活对水的需求量都很大，整个星星镇都需要节约用水。"爷爷说,"为了不让花园中的植物与人们的生产生活争抢水资源,所以要把花园改建成一片水泥地。"

"噢,爷爷。"小思叹道,"花园中的植物生长虽然需要消耗水,但是它能使我们呼吸到新鲜的空气,感受到阴凉,还能使水分留在土壤中,他们难道没想到这些吗?"

"爷爷,麻烦您跟建设部门说一声先别毁掉花园。让我学习一下水的相关知识,再和我的小伙伴们一起想想办法。为了我们美丽的花园,我一定要想出两全其美的办法!"小思说完后坚定地走进教室。

科学与工程实践小组成员

小思　　　　茉茉　　　　小伊　　　　特特

小思：好奇心强，善于从身边的事物中发现问题，擅长开展科学探究活动，观察生活中的现象，能够通过观察、调查和实验等方式解决问题。

茉茉：勤学善思，擅长逻辑推理，具有较强的洞察力和数学运算能力，善于使用测量工具，懂得从定量的角度解释现象，能够使用多种数学方法解决真实问题。

小伊：思维敏捷，动手能力较强，能够借鉴前人的智慧，善于利用工程设计流程完成产品的设计与制作，能够根据产品的需求，进行反复的修改。

特特：自信勇敢，勇于创新，精于使用各种工具，擅长运用各种技术收集资料、分析问题并解决问题。懂得在尊重自然规律的基础上改造世界，实现与自然界的和谐共处，解决社会发展过程中遇到的难题。

项目一

水，无处不在

项目活动

在地球表面，水几乎无处不在。但是人们可直接利用的淡水却不到全球总水量的1%，且淡水资源在时间和空间上的分布都不均衡。这些因素都会导致淡水资源的紧缺。

通过本项目的学习，你将学会测量降水量的方法，并了解水资源污染的状况。

1.1 认识水

水是地球上最常见的物质之一,被称为生命的源泉,是生物体最重要的组成部分。水也是空气的组成部分,但在空气中的含量较少。让我们一起来认识水吧!

 水的分布

1 观察下图,地球上哪些地方有水?

_____

_____

2 你能通过生活中的哪些现象证明空气中有水?

_____

_____

地球上的水

3 观察右图,你能得出什么结论?

_____

_____

全球的水分布

4 在生活中常见的容器内装上水,模拟地球上各种水量的比例,来了解水的分布。

是什么

淡水是含盐分极少的水。淡水是生产、生活中重要的资源。

花园需要水资源,其他生产生活同样需要用水,在解决花园用水问题的同时也不能影响日常用水。

课堂讨论

在淡水资源短缺的情况下,你会利用哪里的水来浇灌花园里的植物?说明你的理由。

 雨水

雨水是淡水,关于雨水的用途你还知道多少?和小伙伴分享你知道的用途,并在下图中写出来。

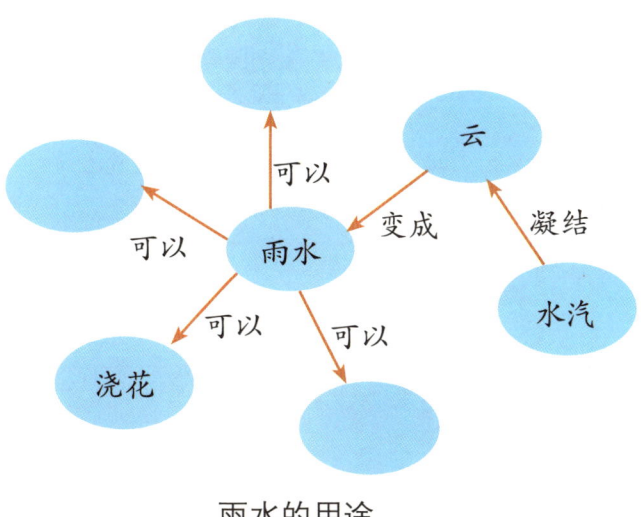

雨水的用途

你知道吗

下一场雨之后,落到地面的大约60%的水在一两天内通过蒸发又回到了大气层。蒸发的水在天空中不到一个星期左右,又以雨的形式落了下来。

1.2 雨水体积

茉茉和小组成员一起讨论，如何将下雨时流失的水收集起来，供平时灌溉用。那如何知道下了多少雨呢？薄薄的地面积水体积应该如何计算呢？茉茉陷入了沉思。

薄层的体积

数学课上，老师拿出一沓A4纸，给大家出了一道题：想一想，我们之前学过体积的计算，那我们怎么测得一张纸的体积呢？

1. 如果你是茉茉，你会怎么解决这个问题？
2. 计算过程中有什么困难或者注意事项？
3. 写下你的测量方法和计算过程。

> **是什么**
>
> 把某些无法直接用常规仪器测量的微小量积起来,将小量变大量的测量方法不仅使测量过程变得很容易,而且能提高测量的精度。这种方法叫累积法。

老师又出了一道题:我们的教室需要使用油漆粉刷墙壁,油漆会在墙面上形成约0.5毫米的薄层。请你想办法计算教室墙壁粉刷需要用多少升油漆。

在墙壁上刷油漆

1 小组合作,一起来解决这个问题!

2 计算过程中有什么困难或者注意事项?

3 写下你的计算过程。

雨水的体积

茉茉意识到星星镇的雨水很少，难以测量，你能用类似薄层的体积的计算方法计算雨水的体积吗？

是什么

假设存在一个占满整个水平面的大容器，收集的雨水体积就等于底面积 S 与雨水深度 h 的乘积。

像这样根据实际问题来建立模型的过程叫作**建模**，它能够帮助我们更直观地认识问题，更有效地解决问题。

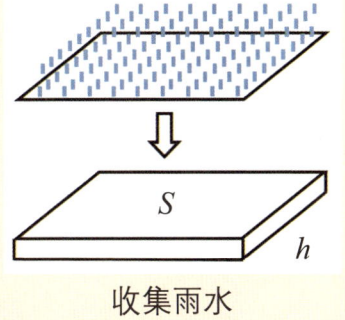

收集雨水

1.3 降水深度

 雨量器

科学与工程实践小组的成员分别用3个水杯来收集雨水。一场雨过后，他们惊讶地发现3个水杯中雨水的体积不同，但是雨水的高度相同。

不同水杯中的水量

课堂讨论

1. 用收集到的雨水体积来描述一场雨的雨量大小合适，还是用收集到的雨水的高度来描述一场雨的雨量大小合适？
2. 用形状不同的杯子来收集雨水，收集到的雨水高度一样吗？

是什么

降水量是指从天空降落到地面上的液态（雨）或固态（雪、冰雹）降水，未经蒸发、渗透、流失而在水面上积聚的水层深度，一般以毫米（mm）为单位。测量降水量的基本仪器是雨量器。

古人有测量降水量的需求吗？古人一般用什么工具测量降水量呢？

项目一　水，无处不在

阅读学习 雨量器的历史

我国自古以来就是农业大国，农业收成跟雨水多少是分不开的。先民非常重视对降水的观测，在甲骨文的卜辞中，已经把雨分成微雨、大雨、多雨、烈雨等级别。自秦汉以来，对雨水的关注促成了上报雨泽的制度，各个州郡定期向朝廷报告庄稼得雨、收成情况。但那个时候雨量还没有确定一个定量的标准，还是比较笼统地用"大雨""小雨"一类的词表达。

为了能定量描述降水的多少，后来曾出现过两种方法：一种是测量雨水入土深度，另一种是测量降水在盛东西的器具中的水位。"雨水入土深度"即用锄、犁等工具刨开土壤观测。这种标准更重视雨水对农业的效果，但这种方式对同一场降水的描述结果可能会不一致，有人提出"土性干燥不同，入土深浅亦难知之"，且雪作为雨泽的重要部分，也不能用入土深度测量。

南宋数学家秦九韶的《数书九章》中有"天池测雨"一题，显示了当时已经有了地面测雨的观念：

问今州郡都有天池盆，以测雨水。但知以盆中之水为得雨之数，不知器形不同，则受雨多少亦异，未可以所测，便为平地得雨之数，假令盆口径二尺八寸，底径一尺二寸，深一尺八寸，接雨水深九寸。欲求平地雨降几何？答曰：平地雨降三寸。

水与雨水收集

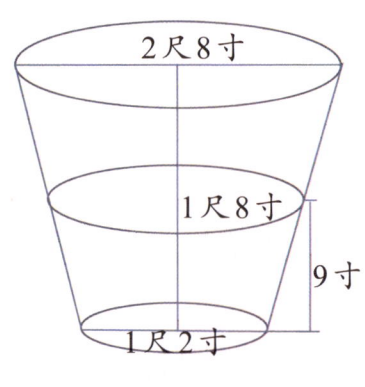

天池盆示意图

为了使"天池盆"使用方便、数据换算简单,后续官方对测雨的工具又做了改进。乾隆庚寅年(1770)所颁发的测雨台至今仍有保存。

在当代,随着气象学的诞生,各种雨量器,如虹吸式雨量器与翻盖式雨量器,都被用于气象学研究,测雨装置变得愈发精密。

测雨台

(a)虹吸式雨量器 (b)翻盖式雨量器
各种雨量器外形

◎ 思考

1.你能找到阅读材料中介绍的雨量器吗?

2.读完雨量器的历史,你能说一说雨量器在改良后,有哪些进步吗?

项目一　水，无处不在

小思查阅完雨量器的历史，想要制作一个能够准确测量雨量的雨量器。小思心想，雨量器是一种测量工具，那一定要标上刻度；雨量器要接收雨水，那一定是敞口的。于是，小思就动手制作了一个雨量器，结果在测量时被风一吹雨量器就翻倒了。小思重新改进了雨量器，几天后终于等到下雨，但是这次下的雨太小，观察时雨量器内已经没有雨水了。

（a）小思的第一次尝试　　（b）小思的第二次尝试

小思制作的雨量器

小思觉得很苦恼，于是他跑去询问动手能力强的小伊同学。小伊听完后告诉小思：没有考虑清楚就直接开始制作并不可取。小伊给小思讲了"工程师之戒"的故事，并告诉小思，设计是很重要的一个环节。最后，小伊建议小思借助工程设计流程来完成雨量器的设计与制作。

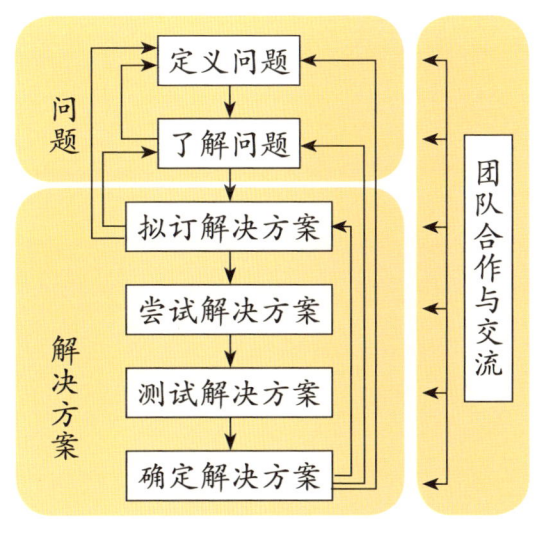

工程设计流程示意图

> **是什么**
>
> 工程师之戒（Iron Ring）是一枚仅仅授予北美顶尖大学工程系毕业生的戒指，用以提醒他们谨记工程师对公众和社会的责任与义务。

小思采纳了小伊的建议，准备像工程师那样依照工程设计流程设计并制作一个雨量器。

 ## 定义问题

工程师在开始设计之前会先定义问题，即在设计解决方案之前，先要明确要解决的问题是什么。可参考别人的经验，来确定自己的需求。

小思在开始制作雨量器之前，需要知道雨量器制作的成功标准和限制条件。例如雨量器应该具备哪些功能，这些称为雨量器制作的成功标准；应该克服哪些困难，这些称为雨量器制作的限制条件。

小思考虑到一个人的智慧和力量是有限的，于是他决定和小组成员一起制作，大家分工合作，共同解决问题。

雨量器制作的成功标准和限制条件

成功标准	限制条件
茉茉认为：测出一定面积上的降水深度	特特认为：风会刮翻雨量器
小思认为：	小伊认为：

 了解问题

定义问题后需要进一步了解问题，即通过查阅相关资料、开展头脑风暴等方法来提出多种解决方案，然后研究并选择最佳解决方案。例如，可以查阅"如何保护雨量器不被刮倒"的相关资料。小伊提醒小思，有时还可以借助前人的智慧，研究历史上雨量器的发展、变化的过程，分析各种雨量器的结构，借鉴并改进。

小组成员查阅资料

1 分工合作：依据雨量器制作的成功标准和限制条件，查阅相关资料。

2 交流讨论：筛选有用的资料。

是什么

头脑风暴

头脑风暴

小组成员围绕一个中心问题，畅所欲言，发表尽可能多的观点。讨论过程中不要对任何观点进行反驳，但可补充他人的想法。讨论结束后对观点进行反复比较和筛选，确定最佳解决方案。

这种方法简便高效，能够在短时间内产生大量的灵感，体现团队的智慧。

拟订解决方案

接下来,开始拟订解决方案,调查并列出所需的材料,确定制作步骤,依据先前掌握的知识选择最优解决方案,并画出雨量器设计草图。

1 画出雨量器的草图,并说明设计理由。

2 列出制作步骤,并写出各制作步骤中需要用到的工具、材料和技术。

雨量器制作步骤及相关工具、材料和技术

制作步骤	所需工具、材料和技术

尝试解决方案

在小组拟订方案后,就可以开始尝试解决方案,按照设计方案制作原型。原型是在产品生产前制作的与产品大小相同、使用功能一致的物体。

在制作原型的过程中遇到了哪些问题？你们是如何解决的？

制作原型遇到的问题与对策

遇到的问题	解决问题的对策

你知道吗

为什么要制作并测试原型

原型可视为第一批产品，它是工程师在开发新产品（如新型汽车、手机、电脑等）的过程中所制作的。测试原型有利于工程师在实际操作过程中发现问题，针对问题来改进设计或进行局部修正，以此完善设计，制作出更符合要求的产品。

新型汽车原型

 ## 测试解决方案

一旦建构了原型,需要对它进行测试。测试解决方案就是用合理的方式测试原型并收集数据,根据数据对原型进行评估。

1 在校园不同位置放置雨量器,测试雨量器是否达到预期的效果。

2 通过测试,雨量器还有哪些可以完善的地方?

_____

_____

 ## 确定解决方案

解决问题并不是一蹴而就的,需要反复改进和完善。确定解决方案就是要根据测试结果和他人的反馈,不断改进设计,直到完全符合设计要求为止。

1 根据测试的结果,你们会做出哪些改进?

_____

_____

2 画出改进后的草图,根据改进后草图进一步完善雨量器。

3 重新测试雨量器,直到雨量器完全符合成功标准。

数据收集

1 设计雨量器数据记录表,其内容包括读数的日期、雨量器放置的位置、雨量器是否被风刮倒、雨水是否溢出雨量器以及过去24小时的降水量等。

2 将每天测量的雨量数据记录在表中。

3 小组讨论:周末、假期等不上学的日子如何记录雨量数据?

数据记录表

展示与评价

1. 向全班同学展示并介绍改进后的雨量器。
2. 将记录表上的数据与其他小组进行比较。
3. 收集其他小组提出的意见和建议。

4. 完成评价表。

评价表

评价	★★★★★	★★★★	★★★
自评			
互评			
教师评			
我的收获			

 1.4 降水与流域

科学与工程实践活动 雨水的旅行

假设你是一滴雨水,这一天你从云上掉下来,想象一下你可能会经历怎么样的一场旅行。

雨滴

● 活动材料

红色、绿色、蓝色、棕色食用色素各1支,A4纸若干张,画笔1支,喷雾瓶1个,颜料盘1个。

● 活动步骤

1. 先将白纸揉成一团,然后轻轻地铺开。

2. 用棕色色素在褶皱的最高处做一个记号,代表高海拔地区,如山脉和小山坡。

活动材料

3. 用蓝色色素在褶皱的凹陷处标出水体的位置。

4. 用红色色素在纸上标出2~3个记号,代表住宅区。

5. 用绿色色素标出2~3个记号,代表种植植物和养殖动物的农业区。

6. 使用喷雾瓶轻轻地喷洒水。

7. 观察模拟降水后,发生了什么变化。

● 思考

1. 喷洒水后，模型发生了什么变化？

2. 观察模型水流颜色，说一说降雨后水是如何与不同区域相联系的。

3. 哪处位置适合做饮用水的水源？哪处位置适合建设养殖场？

 流域

流域是水系的干流和支流所流过的整个地区。流域的范围可以很大，如黄河流域、长江流域；其范围也可以很小，如家乡的小河流及其流过的区域。流域的功能也是多种多样的，如提供淡水、净化环境、灌溉作物等，你还知道流域的其他功能吗？

流域的功能

项目一　水，无处不在

> **课堂讨论**
>
> 　　四大文明古国都发源于大河流域，流域对我们的生活很重要，结合上图，说说流域的作用以及人类活动对流域的影响。

 **保护流域**

　　星星镇曾有一条干净清澈的河流，但早些年生产生活对它造成了严重的污染，对人们的生产生活构成重大威胁。近些年，镇里对它进行了综合治理，这条河终于恢复了碧水清流。若想守护这些劳动成果，今后还需要大家共同努力。

中国七大水系

请分组查阅中国七大水系的相关流域信息。

1 该水系流域的概况是怎样的？（发源地、入海口、流经区域等）

2 该流域可能会受到哪些污染？

3 当地采取了哪些措施来保护流域？

项目一　水，无处不在

科学与工程实践活动

制作保护流域的宣传海报

● 活动任务

结合所学的知识与流域调查的结果制作一张宣传海报。

● 活动要求

1. 展示对流域的理解、流域调查的结果及保护流域措施。
2. 设计呼吁保护流域的宣传语。
3. 绘制相关的图片。
4. 信息准确，内容丰富。
5. 语句通顺，无错别字。
6. 将完成的海报进行展示。

小组制作海报

1.5 诗歌中的科学知识

情境导入 多角度读诗

这一天难得下起小雨，小思和茉茉一起坐在公园的亭子中赏雨。细雨如绢丝般飘洒着，飘落到花瓣上，渗入泥土里，空气中散发着沁人心脾的清香。

茉茉感受着这一切，不由自主地喃喃道："好雨知时节。"小思立刻接道："当春乃发生！"两人对视一笑。这时小思问道："茉茉，你知不知道为什么'好雨'多是在春天发生呢？"茉茉一下被问住了："对啊，之前制作雨量器时，查了当地的降水量，春天的雨水确实比较多，这是为什么呢？"小思告诉茉茉："这是因为_____。"

茉茉眼前一亮，没想到还能从科学的角度去解读诗歌。小思说道："每个人赏雨都会有不同的想法，诗人想的是怎么去描绘它，而科学家则是想着怎么去解释它。"茉茉脱口而出："那诗人和科学家是怎么知道春天雨水多呢？"小思说："诗人可能和我们一样，主要还是靠感觉，科学家就会像我们之前做的那样，用雨量器或者其他方式来找到证据。"

过了一会儿，雨渐渐地大了。小思问茉茉："你知道气象台是如何辨别小雨、中雨和大雨吗？"茉茉立刻答道："这个我知道，是通过24小时降雨总量的不同来划分降水强度！"小思笑着点点头："你

说的对,这是从科学家的角度去解释的,那诗人又是怎么描述不同强度的雨呢?"茉茉想了想,说道:"_____
_____。"

◉ 思考

1.为什么春天雨水较多?在前文横线上写出你的解释。

2.诗人如何描述不同强度的雨水?在前文横线上分别写出描写小雨和大雨的诗句。

 诗歌

诗歌是一种运用有一定节奏韵律的语言,反映生活、抒发作者思想情感的文学体裁。诗歌题材多样,古人常借助诗歌来叙事、抒情、写景、咏物。诗歌意蕴丰富,包罗万象,其中不乏科学知识。你能说出下列诗歌中的科学知识吗?

桃花

1 人间四月芳菲尽,山寺桃花始盛开。

_____

2 你还能举出其他诗歌中蕴含科学知识的例子吗?请写下来。

_____
_____

项目二

地球圈层

项目活动

　　地球圈层中包括大气圈、水圈、生物圈和岩石圈。小思在收集雨水时不可避免地会对其他圈层产生影响。

　　为了使小思的雨水收集系统能与地球圈层和谐共处，在项目二中你需要学习有关地球圈层、地图侦查、人类与地球圈层等的知识。

2.1 地球圈层

小思从流域的学习中已经得知，流域会与流域周边发生相互作用，那么地球上的水与地球其他部分之间会发生相互作用吗？

 **地球圈层**

地球的圈层结构分为外部圈层如大气圈、水圈和生物圈，以及内部圈层如地壳、地幔和地核。地壳和上地幔的顶部又合称为岩石圈。你对大气圈、水圈、生物圈、岩石圈这四个圈层有什么理解？请在框中，用不少于五个词语来描述对应的圈层。

岩石圈是由地壳和上地幔的顶部组成的坚硬岩石部分。

生物圈是地球上所有生物及其生活的环境所组成的整体。

水圈是地球上所有水的总称，包括河流、湖泊、海洋、冰川、地下水等，它还包括空气中的水和生物体中的水。

大气圈又称大气层，是地球最外部的气体圈层，包围着海洋和陆地。土壤和某些岩石中也会有少量气体，它们也可认为是大气圈的组成部分。

科学与工程实践活动 制作地球圈层海报

● **活动任务**

请你绘制一幅图画，并将其加工成地球圈层海报。

● **活动要求**

1. 在海报中间进行绘画创作，在旁边留好空白。

2. 图画中的物质应代表四个圈层。

3. 用不同的颜色表示不同圈层：粉色代表大气圈，紫色代表岩石圈，绿色代表生物圈，蓝色代表水圈。辨认图中的物体所属的圈层，并用相应颜色标注各物体的名称。

4. 在旁边空白处写上你对各圈层的认识，包括该圈层的特点、该圈层对地球的作用、与该圈层有关的职业等。

5. 向同学介绍海报中各圈层之间是如何相互作用的。

2.2 地图侦查

部分地图中蕴含着地球圈层的信息，但需要通过人的仔细观察和缜密思考才能发现它们。你能否像侦探一样，运用所掌握的知识搜寻到地图中的圈层信息？

 地图

地图是按一定比例，使用线条、符号、颜色、文字注记绘制的图形。地图可以呈现各种类型的信息，根据内容不同，地图的种类也丰富多样。常见的地图类型有地形图、气候图、交通路线图等等，但它们都有一些共同的要素。

观察老师所提供的地图，你发现它们有什么共同点？

是什么

比例尺、方向、图例是地图的基本要素。

比例尺表示地图上某线段的长度与地面上相应距离的水平长度之比。我们可以借助比例尺和直尺估算出两点间的距离。

可以用指向标来确定方向，指向标的箭头总是指向北方。

图例是地图上各种符号、线条和色彩所代表内容与指标的说明，能够帮助我们更好地理解地图上的信息。

地图侦查

科学与工程实践活动

● **活动任务**

选择中国某一地区进行研究，查阅该地区的相关地图，获取该地区地球圈层相互作用的信息，并将你们小组的发现与全班分享。

● **活动要求**

1. 查阅该地区的相关地图，获取流域、气候类型、地貌、农作物种类等信息，并分析它们之间有何关系。

2. 查阅该地区的圈层特色相关资料，结合地球圈层及相互作用的知识，说明其成因。

3. 将研究成果制作成小报（或其他形式）在班级进行分享。

4. 每个成员都需要参与团队展示。

看地图时记得要思考哦，找出你想要的信息。

生态瓶

生态瓶是一个密封的生态系统，就像地球一样，也有四个圈层。你会如何设计生

生态瓶

态瓶中的各个圈层呢？尝试设计属于你的生态瓶。

科学与工程实践活动 制作生态瓶

● 活动任务

制作一个可供动植物生存、生长的生态瓶。

● 活动材料

2个2升的空矿泉水瓶，长30厘米、直径5毫米的棉绳，美工刀，若干土壤、水和动植物（草、蚯蚓、蚱蜢等）。

活动材料

● 活动步骤

按以下步骤制作生态瓶。

1. 横向切开2个空矿泉水瓶，保留各部分。

2. 在瓶盖中间钻一个孔，将棉线穿过小孔。

3. 将一个瓶子的底部加入蒸馏水，然后将另一瓶口倒扣，使瓶盖上的绳子垂入水中。

4.在瓶中加入体现各个圈层的物质，用另一瓶口密封。打造属于你的生态瓶吧！

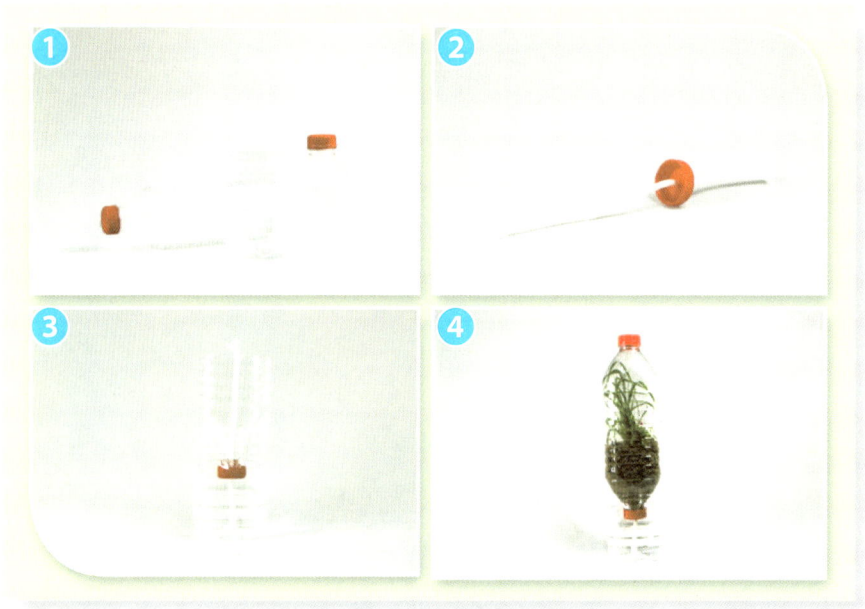

制作生态瓶

○ **思考**

1.你会在生态瓶中加入什么生物？它们有什么基本生命需求？它们是否能够共存？请将它们写在下面的方框中。

2.你会在生态瓶中加入哪些非生物？它们有什么作用？请将它们写在下面的方框中。

3.组装完成后要测试生态瓶中的水循环,再进行密封,那么该如何进行水循环测试呢?

4.环境和生物之间是怎么相互作用的?有哪些圈层会发生相互作用?

 水与雨水收集

2.3 人类与地球圈层

🌱 人类对地球圈层的影响

地球上有几十亿人口，人类的文明遍布世界各地，人类活动会对地球造成巨大影响。

工业排放污染　　　　人工造林　　　　填海公园

人类活动对地球的影响

阅读学习　三峡工程

小到日常生活的一举一动，大到建造大型工程项目，我们都需要考虑人类行为对地球的影响。尤其是后者，会对生态环境产生重大影响，关乎生命与自然。

三峡工程就是一个典型例子。三峡工程是迄今世界上规模最大的水利枢纽工程。自中华人民共和国成立以来就在筹划三峡工程的建设，一直到20世纪末才正式进入建设阶段。

它具有防洪、发电、航运、旅游等功能。除此之外,三峡工程还为长江流域的经济发展创造新的机遇,推动长江经济带腾飞。与此同

三峡工程

时,三峡工程对环境与生态也有一些不利的影响:局部江段水污染加重、部分文物古迹被淹没、长江濒危物种面临灭绝等。

我们在注重发展的同时,也要时时反思我们的行为会对环境造成什么样的影响。在三峡大坝建成10年后,三峡集团采取了多种有效措施积极保护陆生生态和水生生态,全面开展水土保持和生态修复工作。

你觉得修建三峡大坝需要考虑哪些因素呢?你肯定想不到有这么多:污染源、水环境、农业生态、陆生生态、湿地生态、水生生态、大气环境、地质灾害以及人群健康等。

◉ 思考

1.你能从三峡工程的故事中读出人类活动对地球有哪些影响吗?

2.在进行人类活动时我们需要考虑哪些因素?

课堂讨论

人类对地球圈层的影响有正面的，也有负面的，你能举出一些例子吗？在你看来人类对地球圈层的影响是利大于弊，还是弊大于利？

小思意识到在解决星星小学花园的用水问题时，还得考虑是否会对周围环境产生影响。

在日常生活中你的行为对地球造成了哪些影响呢？请记录你一天的行为，并说明该行为对地球的哪些圈层造成什么样的影响。

日常行为对地球圈层的影响

行为	影响

地球圈层对人类的影响 —— 以雨水为例

人类活动会对地球圈层产生影响，同时我们也在适应地球圈层给我们带来的影响。

雨水会给人类带来好处，也会对建筑物造成侵蚀与破坏。为了提高建筑物的使用寿命，工程师在设计建筑物时着重关注建筑物的防水结构。

你知道建筑物上有哪些"结构设计"有利于防止雨水对建筑物的侵蚀和破坏吗？请选择一栋建筑进行实地考察，并记录该栋建筑的防水结构。

建筑物防水结构

是什么

实地考察是去实地进行直观调查。在考察过程中，要明确考察的目的，注意考察对象的特点，及时记录并分析。

 实地考察

● **活动任务**

对建筑物进行实地考察，并按要求绘制该建筑物的草图。

● **活动要求**

1. 设计实地考察记录表并做好记录。
2. 根据考察的结果，结合自己的想法画出建筑物的草图。

3.在图上标注出能够防止雨水进入室内的房屋结构。

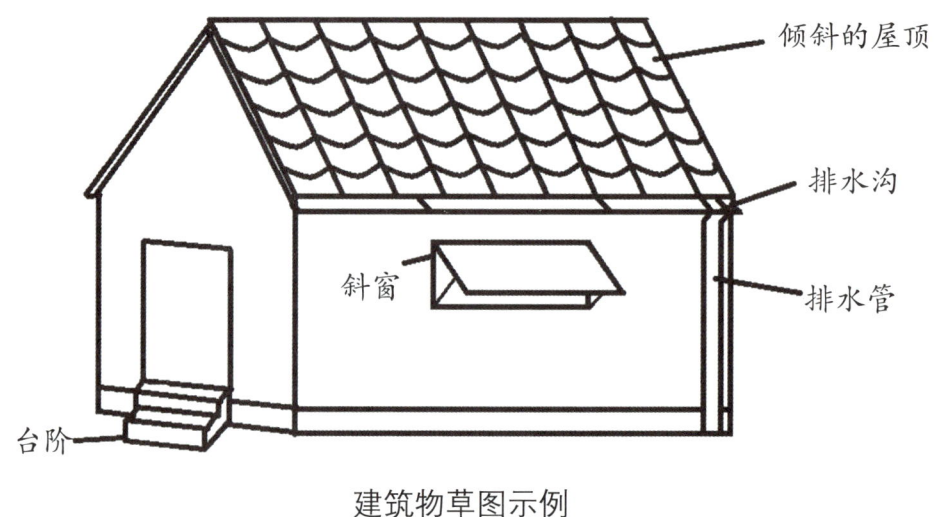

建筑物草图示例

2.4 雨水收集点

校园中哪里最适合收集雨水呢？科学与工程实践小组的成员在校园内进行了寻找。这处地方既要方便收集雨水，又要方便将雨水输送至花园。

科学与工程实践活动 小小测量员

- **活动任务**

测量校园建筑物的形状和占地面积，并绘制校园地图。在地图上确定收集雨水的最佳场所。

- **讨论与记录**

1. 为了得知建筑物的占地面积和形状，需要测量哪些量？
2. 采用什么工具和方法进行测量？
3. 请将讨论的结果记录在表格中。

结果记录表

被测量	工具	方法

> **是什么**
>
> 有些被测量通过测量能够直接得到测量结果，这种方法叫 <u>直接测量</u>；有些被测量则不能通过测量直接得到结果，需要转化为测量其他可测量的量，再通过计算或作图得到测量结果，这种方法叫 <u>间接测量</u>。

测量

● **活动准备**

1.特特想要测量建筑物的边长和角度，但是日常使用的刻度尺和量角器难以完成这项任务，请你想办法来帮助他完成任务。

2.请根据提供的活动材料，运用知识和技能，设计并制作适合测量建筑物的"刻度尺"和"量角器"。

● **活动材料**

绳子，木桩，记号笔，螺母，螺栓，垫圈，量角器，直尺，胶带。

● **活动要求**

测量需要有一定的精度，测量工具需要达到以下要求：

1."刻度尺"的最大量程为10米，精确到0.1米。

2."量角器"的测量误差在5°以内。

● **思考**

如何使用这些工具进行测量？

活动实施

1.以小组为单位,小组成员分工合作,各组测量校园内不同建筑物的边长和角度,并记录数据,同时记录建筑物的防水结构。

2.整理各组收集的数据,依据数据绘制一幅校园地图,并计算各处建筑物的占地面积。

测量校园建筑物

活动成果展示

各组展示绘制的校园地图,介绍选择校园中哪个位置来收集雨水比较合适,并说明理由。

2.5 传记写作

情境导入 写传记

小思对蕾切尔·卡森的事迹很感兴趣，专门找到她的相关传记。读完后，小思跟妈妈说："我将来也要成为像蕾切尔一样的伟人，这样就会有人给我写传记了！"妈妈弹了弹小思的脑门："你的动机不纯，其实普通人身上也有值得记录的闪光点。"小思捂着额头，眼睛放光："那是不是我也可以给自己写传记呢？"妈妈不禁笑出了声："可以，但你的人生才刚刚开始，或许写不了太多哦。"小思想了想，突然飞奔而去，喊道："那我就先给别人写传记，为以后给自己写传记攒点经验！"妈妈冲着小思的背影喊道："你知道怎么写传记吗，小思？"可是小思早就跑远了，妈妈只好无奈地摇了摇头。

你知道吗

"植物枯萎了，果树不再结果，牲畜死了，鱼儿也死光了，鸟儿不再歌唱，大人和小孩也都是疾病缠身。"

这是《寂静的春天》描绘的当时滥用杀虫剂对环境造成的恶劣影响。蕾切尔·卡森用严谨的、科学的和动人的文笔写下了这本书，引发了人们对科学、技术和社会的广泛关注。

 传记写作

传记主要记述人物的生平事迹，通过典型事件、典型语言来表现人物特征。

 一篇传记需要包含哪些内容？在撰写传记之前需要做些什么？

请采用访谈的形式，写一篇人物传记。

是什么

访谈，就是研究性交谈，是以口头形式，根据被询问者的答复收集客观的、不带偏见的事实材料，以准确说明样本所代表的总体的一种方式。尤其是在研究比较复杂的问题时，需要向不同类型的人了解不同类型的材料。

访谈

1 你打算为谁写传记？为什么？

_____

_____

2 写人物传记需要了解被写人物的哪些信息？

信息一：_____

信息二：_____

信息三：_____

3 对你想了解的人物进行采访吧，注意做好记录哦！

4 整理收集到的信息，开始撰写人物传记吧！

项目三
雨水收集和利用

项目活动

小思想要设计一个大小合适的集水箱,并试图找到适合星星小学花园的灌溉方式。

在项目三中,你需要了解气象数据、集水箱、水分运输、灌溉方式、数据分析等知识,为迎接最终挑战做好准备。

3.1 气象数据

💧 气象数据

气象数据是反映天气的一组数据，气象数据可分为气候资料和天气资料。

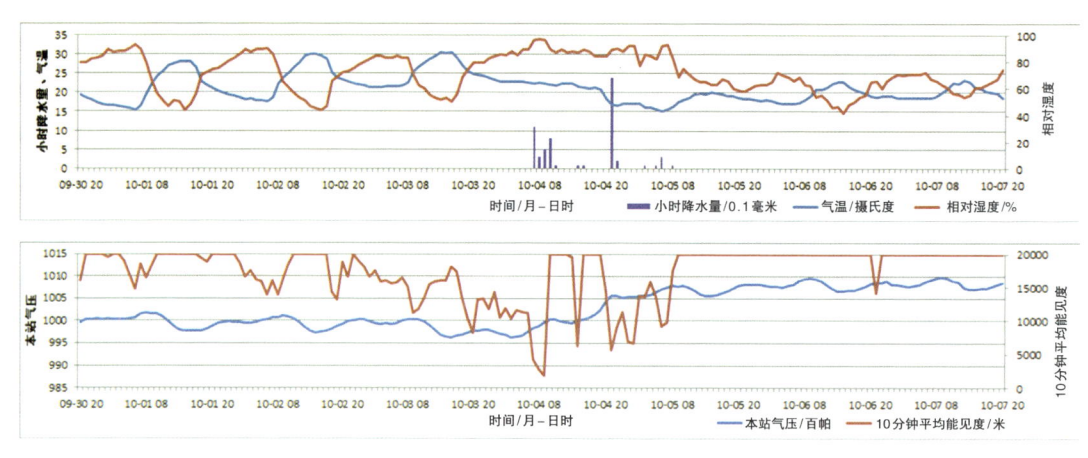

气象数据图

气象数据由气象工作者进行采集和处理。气象工作者的分工不同，但他们的目标都是一致的——做好气象工作，包括天气预报、灾害防报等。为了保证各项工作能正常进行，他们还要进行气象数据管理，以便更好地指导工作。

💧 天气预报

根据最近一段时间大气变化的规律，可以预测未来天气状况。

人们依据天气预报来指导出行、安排生产活动等。

气象站

 **气象灾害预警**

气象部门在灾害天气发生前发出气象预警，为人们逃离灾难留出时间。如2019年超强台风"利奇马"登陆前，气象台发布台风红色预警，台风途经地区各政府立即落实防台风抢险应急工作。

如果没有气象数据，生活会有什么变化？请以"如果没有气象数据……"为开头，写一段话。

_____
_____
_____
_____

课堂讨论 为什么气象预报很重要？

3.2 集水箱

科学与工程实践小组成员想根据雨量数据和雨水收集位置的面积计算集水箱的大小,并确定集水箱应该放在花园的哪个位置。请你加入吧!

 雨水有多少

A、B、C、D是校园中相同大小的四个区域,这些区域接收到的雨水是等量的吗?

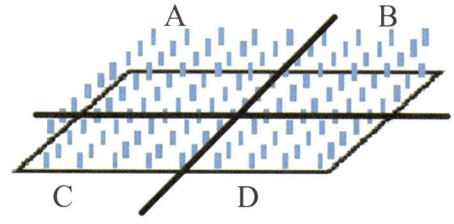

校园中的四个区域

清晨,校园下过一阵雨。若雨量器显示降水量为6.5毫米,茉茉想根据测量的尺寸来预测并计算落在篮球场上的雨水体积,请你与茉茉一起完成这个任务。

1 预测篮球场上雨水的体积。

2 计算篮球场的面积。

3 计算落在篮球场上的雨水(6.5毫米水层)的体积。

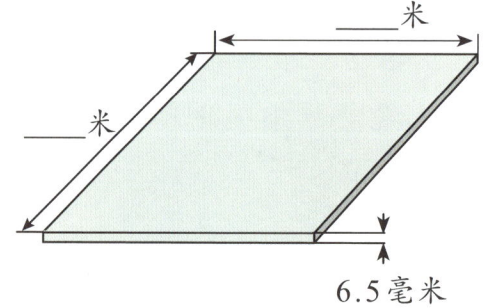

篮球场示意图

 **确定集水箱位置**

小思的来信（一）

亲爱的朋友们：

　　感谢大家为星星小学的花园供水问题制订计划！

　　我告诉爷爷，大家一起在想办法帮助解决花园的用水问题，爷爷听了非常开心！

　　当我向修理工叔叔提起我们的想法时，他说有一台洗衣机要从杂货室搬走，或许可以把集水箱放在洗衣机的位置。

　　另外，爷爷和我说，花园旁边有个旧棚屋（长3米，宽2.4米），里面没有什么东西，如果有需要的话，可以向学校申请改造棚屋，把集水箱存放在那里。

小思
2023年3月1日

1 存放洗衣机的位置可以放多大的集水箱。

一台正常大容量洗衣机的尺寸大约长为70厘米、宽为80厘米、高为1米。计算在此处摆放的集水箱的体积，并说明该集水箱是否可以容纳茉茉计算出的雨水的体积。

2 旧棚屋适合放多大的集水箱。

计算旧棚屋的面积，并说明需要多高的集水箱可以容纳茉茉计算出的雨水的体积。

经过计算，你觉得集水箱应该放在花园的哪个位置呢？

3.3 水分运输

我们已经收集到了雨水，接下来的任务是让集水箱中的雨水"逃出来"灌溉花园。有什么办法可以让雨水从集水箱中"逃"到指定的地点？

科学与工程实践活动

雨水"大逃亡"

- **活动任务**

观察雨水"大逃亡"的现象并分析原因。

- **活动材料**

1包餐巾纸，1瓶红墨水，1个胶头滴管，2个透明塑料杯，1支记号笔，1杯水。

- **活动要求**

1.按照以下步骤进行实验。

（1）用记号笔和尺子在每个杯子上画8～10个均匀间隔的刻度。

（2）在一个杯子里装水直至顶部刻度，并滴入5滴红墨水染色，让另一个杯子空着。

（3）将纸巾拧成一根绳子，这就是纸芯。将纸芯折成"∩"形，把它的一端放入盛满水的杯子中，另一端放入空杯子中。

2.观察随着时间的推移会发生什么现象。

3.每隔一段时间,在下面的实验记录表中标出每个杯子中的大致水量。

雨水"大逃亡"实验记录表

时间	现象	时间	现象
1分钟后		2节课后	
5分钟后		1天后	
1节课后		2天后	

是什么

毛细现象是指把很细的管子一端插入液体时,管子内外液面产生高度差的现象,又称毛细作用。当液体浸润构成毛细管的固体材料时,管中液面高于管外液面并呈凹状;不浸润时,管中液面低于管外液面并呈凸状。

毛细现象在自然界中是非常常见的现象。植物能够通过根、茎、叶把水吸入机体，部分原因就是凭借机体中毛细管的毛细作用。现在让我们一起来看看芹菜会不会通过细小的管子喝水。

科学与工程实践活动 "芹菜喝水"实验

- **活动任务**

观察"芹菜喝水"的现象并猜测原因。

- **活动材料**

几根芹菜，1瓶红墨水，1个透明塑料杯，1杯水，1把美工刀（剪刀），1把刻度尺等。

活动材料

- **活动要求**

1.按照以下步骤进行实验。

（1）在塑料杯中加入半杯冷水，再加入20滴红墨水，使水呈深红色。

（2）将芹菜的根部浸入水中，并加入植物油。

2.观察实验现象，分时段记录芹菜梗的变色高度。

水与雨水收集

实验现象

3.在下面实验记录表中画出不同时段红墨水沿着芹菜梗上升高度的草图。

"芹菜喝水"实验记录表

时间	芹菜梗的变化	时间	芹菜梗的变化
15分钟后		2节课后	
30分钟后		1天后	
1节课后		2天后	

课堂讨论

俗话说"人往高处走，水往低处流"，但毛细现象却可以让液体克服重力向上运动。生活中毛细现象也非常普遍，你还能举出其他例子吗？

3.4 灌溉方式

"好不容易收集来的雨水得好好利用才行！"小思想了解更多用水的知识，用好每一滴水。

 ## 节水型社会

我国水资源由国家管理，以实现水资源的持续开发和永续利用。但是我国在农业用水方面还存在较多问题：一是农业节水规模化程度不高，高效节水灌溉率约为25%，存在水资源浪费现象；二是部分地区过多依赖引调水工程解决缺水问题。

大面积浪费灌溉

 灌溉方式

下图所示是目前常用的一些灌溉方式。

喷灌　　　　　　　　　漫灌

花园软管灌溉　　　　　　　　滴灌

现代常用的灌溉方式

除此之外，还有自流灌溉、微喷、轮灌、畦灌、沟灌、高空灌溉等。

科学与工程实践活动　灌溉方式

- **活动任务**

每组选择一种灌溉方式进行研究，并与大家分享你们的研究成果。

● **活动要求**

1. 依据"灌溉方式评价表"进行研究。
2. 将研究成果与全班同学分享。

灌溉方式评价表

灌溉方式	
这种方式是如何供水的	
优点	
缺点	
打分（1~10分）	

阅读学习　古代灌溉农具

民以食为天。中华文明上下五千年，无不重视农业的发展。农业的发展，促进了农耕技术的不断进步。其中，灌溉技术对农业生产非常重要,下面就介绍一些古代的农业灌溉用具。

一、桔槔

早在新石器时代,我国劳动人民就开始将各种陶制容器用于盛水,并作为灌溉工具。

春秋后期桔槔的出现,使灌溉技术得到进一步发展。桔槔运用了杠杆原理,一端用绳挂一个水桶,另一端系着重物,取水时按下水桶,水满了放开,水桶就自动升上来了。"引之则俯,舍之则仰",大大增加了取水效率。

《天工开物》桔槔图

二、辘轳

桔槔只能用于浅水井取水,无法用于深井打水。秦汉时期人们发明了辘轳,应用于深水井提水。

辘轳上端装了带有手摇柄的轴,轴上绕有绳索,绳索一端系水桶,这样摇动手柄,就可以提取深井的井水。辘轳的发明有效解决了深井提水问题,促进了井灌的发展。

《天工开物》辘轳图

三、水车

以上两种用具提水量较少,无法满足大面积灌溉的需求。东汉时人们发明了最早的水车——翻车。翻车能通过踏板将水运输到田中,此时只有能工巧匠才能制作翻车,还未广泛使用。

《天工开物》翻车图

到了隋唐之后,水车的类型越来越多,动力来源也是多种多样,有畜力、风力、水力等,特别是水力驱动的筒车,将人从农业灌溉中慢慢解放出来。

技术源于人类的需求和愿望。从古至今,农业生产的需求使灌溉技术得到了持续的发展。到了现代,随着科学技术的发展,灌溉技术已不再局限于农业灌溉,花园灌溉、园林灌溉等各类灌溉的需求又促进了新一轮灌溉技术的发展。

● **思考**

上述不同灌溉用具分别用到了哪些科学原理?

3.5 数据分析

如果我们制作的雨量器太小了，雨水就会溢出来；如果我们制作的雨量器太大了，等记录数据时，雨水可能都蒸发了……雨量器的容量应该确定为多少合适呢？

你知道吗

天气总在不断地发生变化，科学家通过研究大气、风、云、降水等来预测未来一段时间的天气变化。在一定的地区，年复一年，长时间内的天气特征，就是该地区的气候。

我们可以用气象数据来寻找天气变化的规律。气象数据是一种统计数据，其来源可以分为两类，直接来源和间接来源。数据的直接来源是调查、观测或实验活动。数据的间接来源主要是公开出版或公开报道的数据。

科学与工程实践活动　小小分析师

降水量分布特点可以通过地区分布状况和季节分布状况来描述。现在，让我们以降水量为例，学习如何获取、处理及分析气象数据吧！

- **活动任务**

获取和处理降水量数据，并对数据进行分析。

● **数据获取**

1. 途径一：访问气象网站，查询气象数据。

(1) 访问"国家气象科学数据中心"网站。

国家气象科学数据中心网站

(2) 注册新用户并登录。

(3) 搜索学校所在城市的气候背景，查看月平均降水量统计图，尝试比较每个月的降水量，概括表述降水量的特点。

搜索气候背景数据

2.途径二：参观当地气象局，查看气象数据。

请父母陪同你一起参观当地的气象局，了解气象知识，查看气象数据。

同学们，你们还有什么获取数据的好办法吗？

● **数据处理**

所收集的数据需要经过整理和审核才能被使用。数据整理需要确保数据来源的可靠性以及数据的准确性，通过把原始数据中的"异常数据"剔除，留下真实有用的信息。

整理好的数据可以统计图的形式进行展现，如折线图、柱形图、饼状图等，不同统计图具有不同的特点。

请你在确保降水量数据来源可靠性以及准确性的同时，选择合适的统计图来展示数据，并绘制月降水量图。

你知道吗

为什么科学研究需要画统计图

统计图是用图形描述统计数据。它可以使复杂的统计数字简单化、通俗化、形象化，使人一目了然，便于理解和比较。

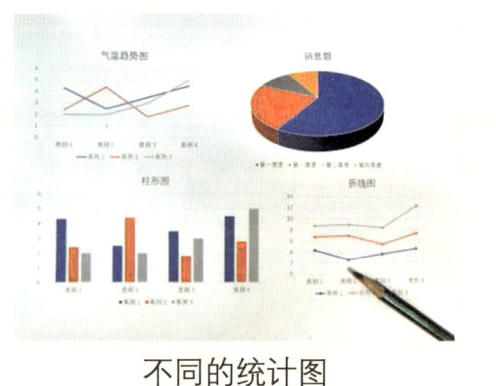

不同的统计图

> 科学与工程实践小组对一个月的降水量数据进行了处理，但还是感觉数据不够：很多天没有下雨，数据表上一片惨淡。"这样下去可不行！还有没有什么好办法？"小组成员不禁发愁……你有什么好办法吗？

● 数据分析

数据分析指对处理过的数据进行探索、分析，从中获得有用信息并形成结论。在数据分析的过程中，最大值、最小值及数据变化趋势是需要特别关注的，这些数据是数据分析的关键点。数据分析得出的结论可以帮助人们做出判断，以便采取适当措施。

现在，让我们一起来分析1981—2010年北京市的月均降水量统计图吧！

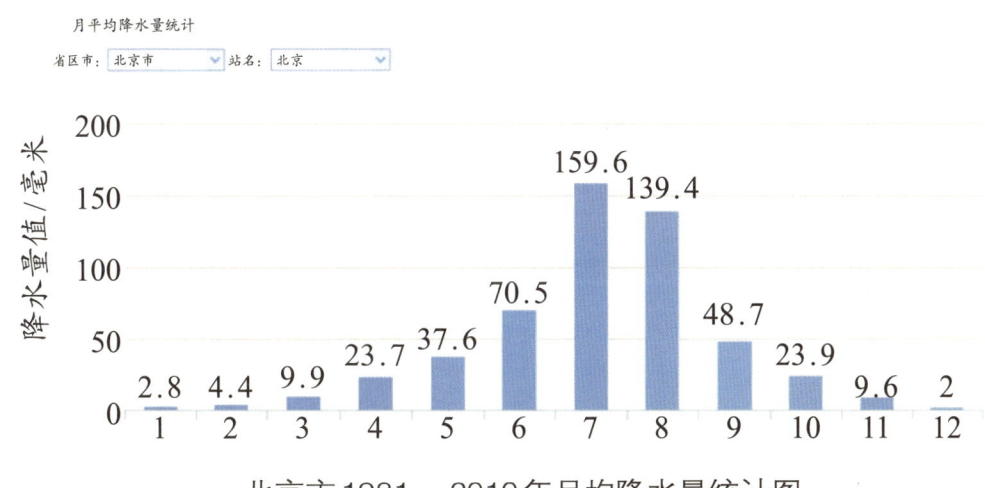

北京市1981—2010年月均降水量统计图

观察北京市1981—2010年的月均降水量统计图，我们发现：

1. 北京市降水量最丰富的是_____月，月平均降水量为_____。

2.北京市降水量最匮乏的是_____月，月平均降水量为_____。

3.北京市月平均降水量呈现出_____的变化趋势。

◉ 思考

1.你所在地区全年的降水量有何规律？

2.你所在地区全年的降水量规律对你设计雨量器的大小有什么启示吗？一年之中什么时候收集雨水是最适合的呢？

3.用自制的雨量器收集某一天的降水量并与当天气象台公布的数据进行对比，看看是否基本一致。为什么会产生这样的差异？

3.6 公益广告

小思在致力于解决花园缺水问题的同时，不禁也为星星镇担忧："像星星小学这样浪费水的地方还有多少呢？"小思觉得个人的力量太小，只能掀起微小的波澜，即便缓解了学校花园缺水的小问题，星星镇整体缺水的大问题还是没有解决。"有没有一种方式，能呼吁大家一起保护水资源呢？"小思陷入了沉思。

公益广告

前面提到蕾切尔·卡森在得知DDT（一种有害高残留杀虫剂）对鸟类的危害后，出版了相关书籍来呼吁政府、群众采取行动。除此之外，我们还可以借助公益广告来进行宣传。公益广告与商业广告不同，它旨在教育公众认识某一问题而不是推销产品或服务。

公益广告的形式多种多样，如宣传手册、视频广告、海报等。请你为环境保护创作公益广告，在社区中进行宣传。

公益广告

宣传语

下面两个宣传语有什么异同点？

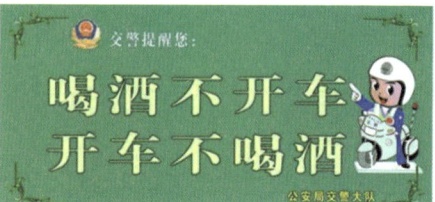

喝酒不开车的宣传语

宣传语既可以阐明行为后果，也可以包含行动指令，即希望对方做什么。优秀的宣传语能够快速吸引人们的注意力，具有简洁、朗朗上口的特点。

请依据宣传语的特点，创作环境保护的宣传语。

说服性写作

不论是书籍还是广告，都运用了说服性写作。说服性写作是以说服对方为目的的写作，具有特定的写作要素。

阅读以下关于"骑自行车要戴头盔"的演讲稿，学习说服性写作方式。

我非常喜欢骑自行车，但骑车时一定要注意安全，尤其要记得戴上头盔。上周我就差点吃了一个大亏！当时天已经黑了，旁边的路灯非常暗，我没有看到前方有一个坑，当我骑过去的时候，自行车一下子扎进坑里，把我整个人从车上甩下来。当我摔下来的时候，我感觉头盔重重地撞到了地面，头一阵阵地发晕，我都不敢想象如果没有戴头盔，我现在会怎样！所以为了自身的安全，大家在骑车时一定要戴上头盔。

说服性写作包括四个要素，分别是观点、原因、例子、结论或重申观点。尝试用这种写作方式，写一篇关于环境保护的宣传词。

说明性写作要素

观点	给出你的观点（说明问题和人们应该采取的行动）
原因	陈述产生这种观点的原因
例子	给出一个支持你观点的例子
原因	陈述产生这种观点的第二个原因
例子	再举一个例子来支持你的观点
结论或重申观点	给出你的结论或重申你的观点

项目四

雨水收集挑战

项目活动

在项目四中,你需要运用前面所学的知识完成项目的最终挑战活动——为星星小学的花园设计制作雨水收集系统。

4.1 挑战准备

在前几个项目中,我们已经学习了开展科学与工程实践活动的相关知识,在本项目中,我们将迎来项目的最终挑战活动——为星星小学的花园设计制作雨水收集系统。

星星小学的花园位于开放式庭院的两座建筑之间,花园的平面尺寸为8米×10米。星星小学的篮球场面积与你们学校的篮球场面积差不多。我们需要利用学校建筑物和篮球场作为实验室,设计一种方法来收集和再利用学校周围的雨水,帮助小思拯救花园。现在,让我们帮助星星小学的学生制订一个拯救花园的方案吧!

你知道吗

为什么要分块解决问题

现实生活中,部分问题的解决相当复杂,一次解决所有问题是不现实的,比如火箭的制作过程中,就需要分部分制作,最终组装成一个整体。分块解决问题有助于我们更好地解决问题。要想完成雨水收集挑战活动,我们也需要进行分块,以达到制作雨水收集系统的目的。

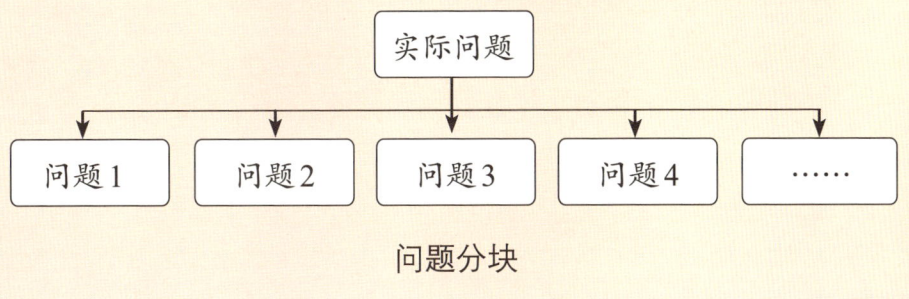

问题分块

小思的来信（二）

亲爱的朋友们：

  感谢你们与我们一起解决这个问题！希望我所提供的这些信息有助于大家更好地解决问题。篮球场不是很大，但是它能接收很多雨水，有一天早上的降水量甚至超过6.5毫米！

  我和特特注意到篮球场的位置比学校的路面低。特特发现篮球场的水是从花园那边流下来的，我们怎么才能把收集到的水送到花园里呢？这是我们现在遇到的一个大问题！此外，我在学校周围观察了一圈，发现建筑物屋顶也是一个收集雨水的好地方！

小思
2023年5月9日

星星小学篮球场尺寸如下图。

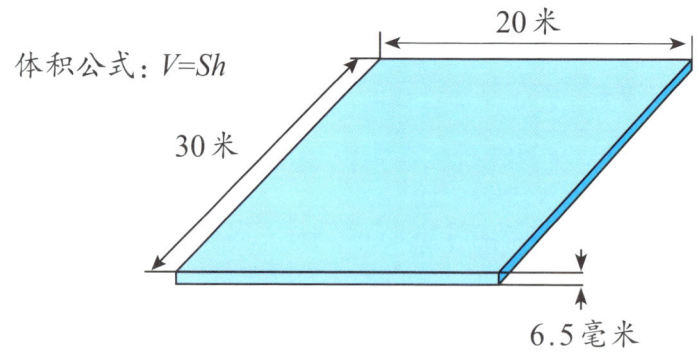

星星小学篮球场尺寸图

星星小学篮球场的位置如下图。

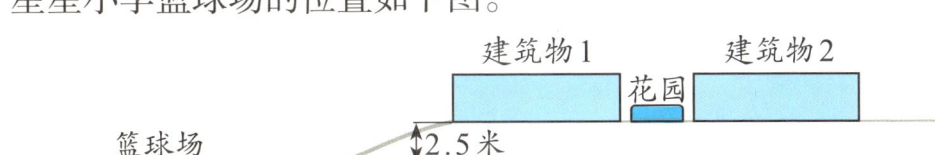

星星小学篮球场与建筑物布局图

小思的来信(三)

亲爱的朋友们：

　　我这里还有一个小提示要告诉大家：为了让爷爷不必弯腰去照料植物，星星小学的花园都是架高的。灌溉系统需要从花园的两侧浇水，还要将水均匀地分配给两个花圃。

　　我测量了花园的尺寸，花园长10米，宽8米，植物被放在架高的花圃中，每个花圃的高度约75厘米。最近，有两个问题一直困扰着我：怎样才能将水平均分配给两个花圃呢？集水箱中的水够爷爷浇灌几天呢？

　　哎，最近爷爷老是叹气，真希望我能早点解决这些问题。

小思
2023年5月31日

星星小学花园中的花圃及尺寸如下图。

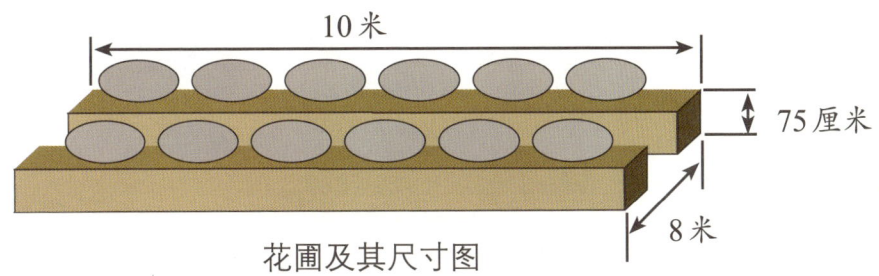

花圃及其尺寸图

水与雨水收集

4.2 逆流而上的雨水

雨水从天而降，江河奔流不息，这些现象的答案似乎是相同的，你能说说这其中的奥秘吗？自然界的奥秘就在我们身边，细心观察并深入思考，就有机会发现哦！

自然界的流水

物体只要在地球上，就会受到地球对它的吸引力，这个力叫作重力。

吸管吸水　　　　　水桶提水　　　　　水泵抽水

水克服重力的现象

图中的这些现象都是怎么让水克服重力向上运动的呢？这对你这次开展挑战活动有何启发？

仔细分析星星小学的篮球场与建筑物的布局图，请你和小组同学共同商议，是从篮球场收集雨水，还是从建筑物的屋顶收集雨水。

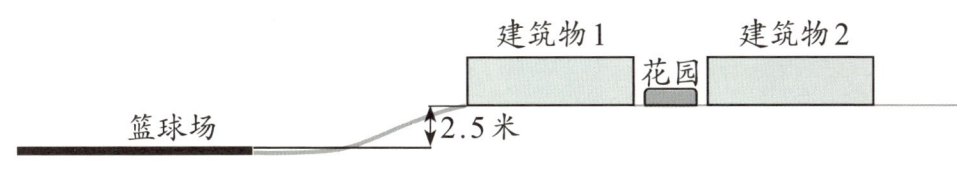

星星小学篮球场与建筑物布局图

采用屋顶收集雨水就不用考虑水自下而上这个问题了！

篮球场空间很大，不会影响花园的用水量。

如果采用屋顶收集雨水，那管道怎么布置？

或许可以有办法让水上来。

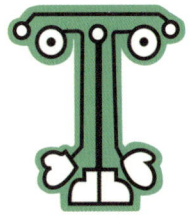

水与雨水收集

比一比屋顶收集雨水和篮球场收集雨水的优缺点,填写表格。

不同位置收集雨水的优缺点对比

位置	优点	缺点
篮球场		
屋顶		

项目四　雨水收集挑战

4.3 集水箱设计

你已经选择好了收集雨水的场地，接下来你需要设计并制作集水箱。

小思发现盛水的容器有许多不同的结构，他想要参照这些结构，利用已学过的知识设计集水箱。

你能帮帮小思吗？

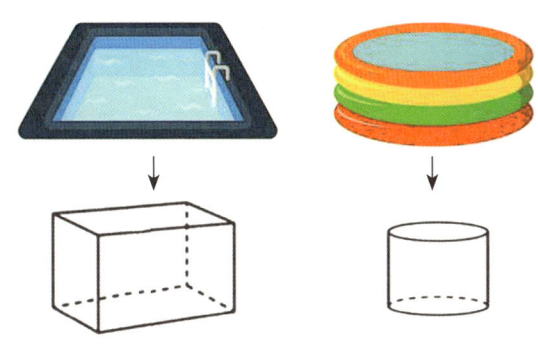

常见容器结构

是什么

我们把从前面观察得到的图形叫作主视图；从左面观察得到的图形叫作左视图；从上面观察得到的图形叫作俯视图，它们统称为三视图。

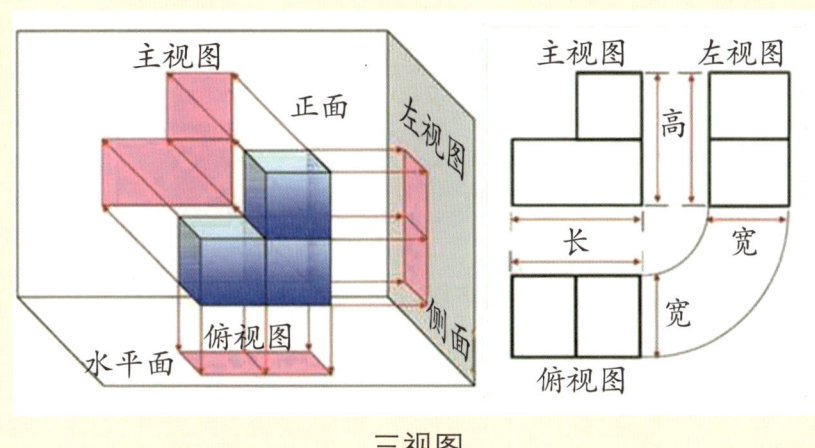

三视图

科学与工程实践小组打算联系当地的一家公司,请他们制作一个塑料水箱。制作方要求提供有关水箱尺寸的具体信息,希望我们教会他如何利用电子表格快速计算水箱尺寸,并发给他们。

你可以创建一个电子表格,通过改变水箱的直径和高度来确定最节约材料的设计方案。

你知道吗

人类与技术进步

人脑是有极限的。在许多行业中,复杂的计算都是由电脑完成的,比如航天事业中卫星轨道的计算,金融行业中金融数据分析等。分析软件是一种技术工具,需要人去操作,它才能运行,若我们失去了对数据本身的理解,分析就无从谈起。

技术进步虽然解放了人,但对人的需求没有下降,相反,人需要学习更多的知识,才能成为技术的主人。

电脑技术

项目四 雨水收集挑战

科学与工程实践活动 小小设计师

● **活动任务**

按照以下要求设计集水箱，并制作集水箱模型。

设计集水箱的要求

大小	集水箱底面的尺寸应小于2.5米×3米
位置	·集水箱位于篮球场时，集水箱须放在篮球场的地面以下 ·集水箱位于建筑物的屋顶时，集水箱须放在屋顶的最低边缘以下 ·如果在学校其他地方放置集水箱，需要在校园地图上标记集水箱所在的大致位置
设计	集水箱制作前需要设计图纸，然后制作模型，图纸应该记录集水箱的尺寸和容积
模型	集水箱的模型应该按1∶10或1∶20或一个合理的整数比例进行制作

接下来，请按照上述要求开展活动吧！

4.4 水资源分配

以前,每天早上爷爷都会把软管接到水龙头上,将水龙头开到最大,然后悠闲地给花园中植物浇水10分钟,然而现在已经不能再使用自来水给花园浇水了。

假设学校花园的水龙头规格相同,出水量也相近。请你自行选择工具,设计实验,计算花园每天的用水量。

水龙头

科学与工程实践活动 合理分配水资源

集水箱中的水可以用来浇灌花园中的植物,但是花园中有两处花圃,浇灌时怎么才能将水分配均匀呢?

- **活动任务**

1. 请设计一个装置,将杯子A里的水,均匀地分配到杯子B和杯子C中。

2. 计算每天浇灌所需水的体积。

3. 计算集水箱能够供水的天数。

- **活动材料**

3个塑料杯分别标上A、B、C,剪刀,棉线,软管,强力胶等。

● **活动要求**

1. 杯子A要高于杯子B和C。

2. 装置能够启动和停止。

3. 杯子B和杯子C分配到的水量要相等。

● **思考**

1. 如何将设计的装置用于花园浇水,合理分配花园中的水资源?

2. 是否存在比使用软管和洒水器更好的浇灌方式?请设计一种替代软管和洒水器的灌溉方式。

通过以上活动,科学与工程实践小组成员对雨水收集系统各部分已经有了初步的了解,接下来,他们准备按照工程设计流程设计并建立一个雨水收集系统。

定义问题

在开始建立雨水收集系统之前,需要知道从哪里收集雨水,是从篮球场收集,还是从建筑物屋顶收集,而且该雨水收集系统要与架高的花圃灌溉系统相连接;还要了解建立该雨水收集系统的成功标准和限制条件。

我们决定从＿＿＿＿＿＿＿（位置）收集雨水。

建立雨水收集系统的成功标准与限制条件

成功标准	限制条件

 了解问题

科学与工程实践小组成员在向有关技术人员请教后，准备用三维结构来初步构建雨水收集系统模型。请依据建立雨水收集系统的成功标准与限制条件查阅相关资料，交流讨论。

 拟订解决方案

在了解了问题后，开始拟订解决方案，着手调查建立雨水收集系统所需的材料，列出清单，制订相关的制作步骤，并画出雨水收集系统设计草图。雨水收集系统主要有三个部分：收集系统、集水箱、灌溉系统。设计时，要让这三个部分协同工作。

1 画出雨水收集系统设计草图，并说明设计理由。

2 列出制作步骤,并写出各制作步骤中需要用到的工具、材料和技术。

雨水收集系统的制作步骤及相关工具、材料和技术

制作步骤	所需工具、材料和技术

尝试解决方案

在拟订解决方案后,就可以开始尝试解决方案,按照设计方案制作雨水收集系统模型。

在制作雨水收集系统模型的过程中遇到了哪些问题?你们是如何解决的?

制作模型遇到的问题与对策

遇到的问题	解决问题的对策

 测试解决方案

雨水收集系统模型做好以后,需要对它进行测试。测试解决方案就是用合理的方式测试模型并收集测试数据,根据测试数据对模型进行评估。

1 在校园内什么位置放置雨水收集系统比较合适?该雨水收集系统是否达到预期的效果?

_____

2 通过测试,雨水收集系统还有哪些可以完善的地方?

_____
_____

3 计算雨水收集系统可以供应花圃多少天的灌溉用水。

_____

 确定解决方案

确定解决方案就是要根据测试结果和他人的反馈意见,不断改进设计,直到完全符合设计要求为止。在雨水收集系统开始工作之后,根据实际工作情况进行适当改进,以提高集水和灌溉的效率。同时,还可以对雨水收集系统的外观适当进行改进,使之美观大方。

1 根据测试结果,你们会做出哪些改进?

_____
_____

2 画出改进后的草图,根据改进后的草图进一步完善雨水收集系统。

3 重新测试雨水收集系统，直到雨水收集系统完全符合成功标准。

 ## 展示与评价

1 向全班同学展示并介绍改进后的雨水收集系统。

花园雨水收集系统
初步模型图

2 收集其他小组提出的意见和建议。

3 完成评价表。

评价表

评价	★★★★★	★★★★	★★★
自评			
互评			
教师评			
我的收获			

 **雨水收集挑战注意细则**

1 各小组制作的雨水收集系统模型必须满足以下要求：

（1）模型应该建立在一个单独的泡沫板上。

（2）根据小思的来信，建筑物和花圃应该用盒子或合适的物体来表示。

（3）应该从篮球场或建筑物的屋顶收集雨水。

（4）从集水箱到花园的水管和灌溉渠道都应该展示出来。

（5）花圃周围的地面不应有水管或其他危险物，否则会对星星小学的师生造成危险。

（6）集水箱和其他设备不应影响花园的美观。

（7）雨水收集系统模型各部位应贴上相应标签。

（8）如果雨水收集系统需要水泵，则应在标签上注明。

2 各小组必须使用工程设计流程来设计和制作雨水收集系统，且每位小组成员都要为工程设计流程的每个步骤创建一个页面，在页面中记录工作笔记、想法和设计草图。

4.5 成果展示

最后一个环节是将你们设计制作的雨水收集系统以幻灯片的形式进行展示，这是至关重要的一步。你们设计制作的雨水收集系统具有哪些功能？想想在介绍的过程中该怎么表达。

我们的解决方案
我们设计制作的雨水收集系统可以有效地解决这些问题

支持推理的证据

我们的推理

其他人可能会提出的问题

我们对这些问题的回答

　　幻灯片中应该包括你们小组对雨水收集系统的介绍。你们想为大家介绍什么呢？在下面为每一页写下介绍内容，在小组内讨论，完善内容。

第一页

第二页

第三页

第四页

第五页

第六页

参考文献

[1] 比尔·布莱森. 万物简史[M]. 南宁：接力出版社，2005.

[2] 朱清时. 义务教育教科书科学七年级上册[M]. 杭州：浙江教育出版社，2013.

[3] 中华人民共和国水利部. 水文基本术语和符号标准：GB/T 50095—2014[S]. 北京：中国计划出版社，2014.

[4] 曾雄生. 中国古代雨量器的发明和发展[J]. 人文与社会，2008，2（2）：51-67.

[5] 彭克宏. 社会科学大词典[M]. 北京：中国国际广播出版社，1989.

[6] 顾建军. 技术与设计1[M]. 南京：江苏凤凰教育出版社，2015.

[7] 莫衡. 当代汉语词典[M]. 上海：上海辞书出版社，2001.

[8] 李庆臻. 简明自然辩证法词典[M]. 济南：山东人民出版社，1986.

[9] 中国小学教学百科全书总编辑委员会地理卷编辑委员会. 中国小学教学百科全书·地理卷[M]. 沈阳：沈阳出版社，1993.

[10] 吴炳方，袁超，朱亮. 三峡工程生态与环境监测系统的特点[J]. 长江流域资源与环境，2011，20（3）：340.

[11] 洪学恒. 医用物理学[M]. 武汉：湖北科学技术出版社，1985.

[12] 汪家伦. 中国农田水利史[M]. 北京：农业出版社，1990.

[13] 李根蟠. 水车起源和发展丛谈（上辑）[J]. 中国农史，2011，30（2）：4-6.

[14] 李根蟠.水车起源和发展丛谈(下辑)[J].中国农史,2012,31(1):12-13.

[15] 郁波.义务教育课程标准实验教科书科学四年级上册[M].北京:教育科学出版社,2002.

[16] 郝京华,路培琦.义务教育教科书科学三年级下册[M].南京:江苏凤凰教育出版社,2019.

[17] 刘瑾,葛联迎.统计学[M].北京:中国财政经济出版社,2014.